Martin Kammerer • Koi-Fibel

Martin Kammerer
Koi Fibel
Basiswissen für Einsteiger
Dähne Verlag

Fotonachweis:
Alle Fotos sind vom Autor. Die Fotos auf den Seiten 61, 62 und 69 werden mit freundlicher Genehmigung der Firma Koi Discount GmbH, Langenselbold verwendet.

Danksagung
Bücher sind nur selten die Leistung eines Einzelnen. Deshalb möchte ich mich ganz herzlich bei Thomas von der Heyde für die Idee, Ulrike Wesollek-Rottmann für das Lektorat, meiner Frau Ilonka und Rainer Pütz für die ersten Korrekturgänge und der Koitierärztin Dr. Sandra Lechleiter für den Datenabgleich bedanken. Und natürlich bei den Mitarbeitern des Dähne Verlags.

Bibliografische Information der Deutschen Bibliothek

Die Deutsche Bibliothek verzeichnet diese Publikation in der Deutschen Nationalbibliografie; detaillierte bibliografische Daten sind im Internet über http://dnb.dnb.de abrufbar.

Koi-Fibel
ISBN 978-3-935175-78-4
© 2012 Dähne Verlag GmbH, Postfach 10 02 50, 76256 Ettlingen

4. Auflage 2020

Alle Rechte liegen beim Verlag. Das gesamte Werk ist urheberrechtlich geschützt. Jede Verwertung außerhalb der Grenzen des Urhebeberrechtsgesetzes ist ohne Zustimmung des Verlages unzulässig und strafbar. Das gilt insbesondere für Vervielfältigungen, Mikroverfilmungen, die Einspeicherung und Verarbeitung in elektronischen Systemen sowie für Übersetzungen.
Alle Angaben in diesem Buch sind sorgfältig geprüft und geben den neuesten Wissensstand wieder. Eine Garantie kann dennoch nicht übernommen werden. Eine Haftung des Verfassers oder des Verlages für Personen-, Sach- oder Vermögensschäden ist ausgeschlossen.

Druck: Beltz Grafische Betriebe GmbH
Printed in Germany

Inhalt

Vorwort

Ich gratuliere Ihnen, dass Sie sich für eines der schönsten Hobbys entschieden haben, das sehr entspannend, gelegentlich aber auch nervenaufreibend sein kann. Ob Ihr Interesse nun aus der Liebe zum Koi, der Begeisterung für asiatische Kultur oder der Gartenleidenschaft herrührt ist letztlich unwesentlich, entscheidend ist, dass Sie im Vorfeld wissen, worauf Sie sich da einlassen. Denn Koi sind keine Spielzeugeisenbahn und keine Briefmarken – auch wenn die Sammelleidenschaft hier vergleichbare Ausmaße annehmen kann – Koi sind Tiere, die Pflege brauchen. Mal mehr, mal weniger, aber grundsätzlich sollte immer ein wachsames Auge auf dem Koiteich ruhen. Denn nur dann stellt sich Erfolg bei der Haltung ein und macht für Sie Koi zu einem Hobby, das mehr als nur einen Sommer dauert. Haben Sie das erreicht, kann ich Ihnen versprechen, dass Sie mit Koi die vielleicht faszinierendsten Fische besitzen, die man in seinem privaten Umfeld halten kann.

Das vorliegende Buch gibt Ihnen einen Abriss über all das, was Ihnen höchstwahrscheinlich begegnen wird, wenn Sie sich für die Anschaffung von Koi entschieden haben. Es soll ein Einstieg sein, sich mit den verschiedenen Koiformen und ihrem Umfeld vertraut zu machen, Ihnen einen Einblick in die bunte, schöne, mitunter auch teure Welt der Koi zu erlauben und Ihnen als Entscheidungshilfe zu dienen, ob dieses Hobby auch für Sie das Richtige sein wird.

Viel Spaß beim Lesen.

Ihr
Martin Kammerer

Koi, der Entertainer im Garten

Koi sind wahre Künstler im Gartenentertainment. Wann immer man sich dem Teich nähert, verlangen sie von ihrem Besitzer Aufmerksamkeit.

Gründe, Koi zu halten, gibt es sicherlich so viele, wie es unterschiedliche Farbschläge bei den Koi selbst gibt. Mir gefällt die folgende Erklärung am besten: „Der Unterschied zwischen einem Garten mit und ohne Koi ist der, dass ich mich in einem ohne Koi einsam fühle und in dem mit Koi ständig unterhalten werde. Das ist es, was mich am Ende entspannen lässt." Sie stammt von Joji Konishi, dem Besitzer einer der größten Koifarmen Japans. Und er hat recht: Koi sind grandiose Entertainer, die es verstehen, Blicke und Aufmerksamkeit auf sich zu ziehen. Fragt man Koiliebhaber, so schwärmt fast jeder zunächst von seinem zahmsten und zutraulichsten Koi, bevor sie auf ihre schönsten und erfolgreichsten Koi eingehen.

Woher kommen Koi?

Japan ist das Ursprungsland der Koi. Nach wie vor werden die schönsten Exemplare dort gezüchtet.

Auch wenn heute Koi in fast allen Ecken dieser Welt gezüchtet werden, so kommt der Löwenanteil der jedes Jahr in den Handel kommenden Koi weiterhin aus Japan. Der Grund dafür liegt zum einen sicherlich in der begünstigten geografischen Lage in Bezug auf Wärme und Süßwasservorkommen, aber zum anderen auch daran, dass die Japaner im Besitz dessen sind, was für eine erfolgreiche Koizucht unverzichtbar ist: die für die Zucht notwendigen Blutlinien. Deshalb wird es auch in absehbarer Zukunft so bleiben, dass zumindest die besten Koi der Welt weiterhin aus Japan zu uns kommen.

Koizucht im Zeitraffer

Die Koizucht ist eine komplizierte Geschichte. Wäre dies nicht so, gäbe es mit Sicherheit auch in Europa schon die ersten hauptberuflichen Züchter, die die bunten Karpfen in großen Stückzahlen produzieren würden. Warum dies nicht so ist, versteht man, wenn man weiß, wie die Japaner hier arbeiten.

So sehen die ersten eineinhalb Jahre aus, die ein Koi auf einer japanischen Koifarm durchlebt: Geboren werden sie in der Regel zwischen Mai und Juli. Kurz nach der Geburt kommen sie in Schlammteiche, in denen sie möglichst schnell wachsen sollen. Aber bereits zwei bis drei Wochen nachdem sie den ersten Schlammkontakt hatten, werden sie wieder abgefischt und zum ersten Mal selektiert. Diese Selektion überstehen nur die Tiere, in denen der Züchter Potenzial für weitere gute Entwicklungen sieht. Abhängig von der Blutlinie sind dies maximal ein bis drei Prozent der abgefischten Koi. Die Prozedur der

Die Elterntiere. Ein weibliches und zwei männliche Zuchtkoi versprechen einen hohen Anteil befruchteter Eier.

Laichsubstrat auf dem die Koi die Eier ablaichen können.

Baby-Showa während der zweiten Selektion.

ne japanische Koifarm mit Glashäusern
d Teichen für die einjährigen Koi.

Bis zu 100.000 Babykoi kann ein Mitarbeiter während eines Tages selektieren.

turteich zur Aufzucht von
reijährigen und älteren Koi.

1 Schlammteiche für die Aufzucht von Koi im ersten Sommer.

2 Babykoi mit weniger als 5 cm Länge kurz vor der Selektion.

3 Zweijähriger Koi im Naturteich.

4 Das Abfischen der zweijährigen Koi aus dem Naturteich im Herbst.

Selektion durchlaufen die Koi während ihres ersten Sommers bis zu fünf Mal, was bedeutet, dass im Herbst meist weniger als ein Prozent der ursprünglich geschlüpften Koi noch in den Becken des Züchters schwimmen. Hiervon gehen 80 Prozent – in Größen zwischen acht und zwanzig Zentimetern – direkt und für kleines Geld in den Verkauf.

Die verbleibenden 20 Prozent (das sind also 0,2 Prozent der Ausgangsstückzahl) behält der Züchter zurück, um sie zum ‚Zweijährigen' heranzuziehen. Dazu werden sie zunächst überwintert, um dann im darauffolgenden April/Mai wiederum in Naturteiche gebracht zu werden. Diese sind meist weit größer als die für die einjährigen Koi. Auch werden zweijährige Koi während des Sommers nicht abgefischt, sondern erst im Herbst, wenn das Wasser kühl und die Koi auf Größen zwischen 40 bis 60 cm gewachsen sind. Der sommerliche Aufenthalt der Koi in japanischen Naturteichen begründet auch, weshalb die Koisaison jeweils im Herbst beginnt und im April/Mai wieder endet – zumindest für die Händler aus aller Welt, die dann in Japan einfallen.

Werden alle Koi groß, schön und teuer?

Auch wenn es vollkommener Unsinn ist, aber das Märchen, dass alle Koibesitzer reiche Menschen sein müssen, hält sich hartnäckig. Jeder, der sich einigermaßen damit auskennt weiß aber, dass man mit etwas Eigenleistung günstige und funktionale Teiche bauen kann und dass es bereits für kleines Geld hübsche einjährige Koi zu kaufen gibt. Nicht alle Koi werden groß und sind teuer, da aber außergewöhnlich große Schönheit nur relativ wenigen Exemplaren vorbehalten ist, werden für diese Extravaganzen horrende Summen bezahlt. Oftmals nicht erst, wenn sie die Jumbogröße erreicht haben, sondern bereits dann, wenn man das im Koi steckende Potenzial erkennen kann. Für diese Tiere werden von Liebhabern auf der ganzen Welt mitunter Beträge gezahlt, für die man auch Luxusautos oder Apartments kaufen könnte. Aber dies sind die Ausnahmen, für 99 Prozent aller verkauften Koi gilt das nicht.

Pokale sind begehrte Trophäen auf Koiausstellungen.

Koishows

Pokale, Urkunden und ganz viel Ruhm. Bei Koi ist die Schönheit doch messbar und zwar nach den Kriterien Körperform, Glanz der Haut, Farbtiefe und Zeichnung. In dieser Reihenfolge nähern sich die Wertungsrichter auf Koiausstellungen der Schönheit der – manchmal bis zu 3000 – auf großen Shows gezeigten Koi an. Koiausstellungen erfreuen sich immer größerer, weltweiter Beliebtheit und nicht wenige europäische Koiliebhaber lassen von japanischen Züchtern ihre Schätze auf japanischen Ausstellungen präsentieren. Denn der Sieg bringt Pokale, Urkunden und vor allem ganz viel Ruhm, darüber hinaus sind Koishows eine gute Gelegenheit, sich mit Gleichgesinnten auszutauschen. Auch wenn sich die Ausstellungen im Detail etwas unterscheiden, in einem sind sie alle gleich: Der Gewinnerfisch ist der sogenannte Grand Champion.

Der Grand Champion der All Japan Show 2011 in Tokio.

Wertungsrichter bei der Arbeit.

Wie alt werden Koi?

Welches Alter Koi erreichen können oder wie viele Jahre sie ihre Schönheit erhalten, diese beiden Zahlen klaffen weit auseinander. Grundsätzlich kann ein Karpfen (und ein Koi ist nichts anderes) 30 bis 50 Jahre oder manchmal auch älter werden. Aber Koi, die älter als 15 Jahre sind, sind kaum mehr schön anzuschauen. Die Haut wird matt, die Farben blass und stumpf und hier und da bilden sich Hautwucherungen oder andere Irritationen aus. Japanische Koizüchter gehen davon aus, dass das maximale ästhetische Alter für Koi zwischen 10 und 15 Jahren liegt. Aber, ganz wichtig, sowohl das biologische als auch das Schönheitsalter kann der Koiliebhaber selbst durch die Pflege und Wasserqualität, die er seinen Schützlingen anbietet, beeinflussen.

Welche Farbschläge sind wirklich wichtig?

Die Koizucht, wie wir sie heute kennen, ist in Japan rund 200 Jahre alt. Bis heute haben sich etwa 500 Betriebe etabliert, die sich mit der Zucht und Entwicklung verschiedener Farbschläge (Varietäten) beschäftigen. Manche Farmen sind innovativ und kreieren Neues, andere wiederum greifen auf bestehende Varietäten zurück und versuchen diese auf möglichst hohem Niveau zu produzieren. So haben sich über die Jahrzehnte etwa 150 verschiedene Varietäten durchgesetzt, die man namentlich kennt und die auch einem entsprechend definierten Standard entsprechen. Doch haben sich bei aller Vielfalt nur drei Varietäten wirklich durchgesetzt: Der Kohaku (rotweiß), der Sanke (rotweiß mit ein bisschen schwarz) und der Showa (rotweiß mit mehr schwarz). Diesen drei Koiarten ist es auf allen Ausstellungen dieser Welt vorbehalten, Grand Champion zu werden. Nimmt man die gesamte Koizucht zusammen, so sind es wahrscheinlich 80 Prozent, die die Gosanke – so nennt man die großen Drei als Sammelbegriff – ausmachen.

Maruten Yondan Kohaku – vierfach abgestuft mit rundem Zeichnungsmerkmal am Kopf.

Erstklassiger Sanke, der sämtlichen an diese Varietät gestellten Anforderungen gerecht wird.

Durch ihre häufig dominante schwarze Zeichnung erscheinen Showa wie die Dynamiker im Teich.

Die Koifamilien

Um einen Überblick über die Mannigfaltigkeit der Varietäten zu behalten, wurde in Japan irgendwann begonnen, die einzelnen Varietäten Familien zuzuordnen. Diese Familienzuordnung hilft auch auf Ausstellungen, die Koi in verschiedenen Klassen zu werten. Folgt man dabei der ‚Zen Nihon Nishikigoi Shinkokai' – dem Verband der Koizüchter und Koihändler – so gibt es derzeit 18 Koifamilien. Diese stelle ich Ihnen mit jeweils einigen Beispielen vor. Es handelt sich bei den aufgeführten Koi aber ausnahmslos um japanische Champions, und nicht um die Qualität, die man im Koihandel vorfindet.

Kohaku,

hoch lebe der König

Fragt man japanische Koizüchter nach ihrer Lieblingsvarietät, bekommt man sehr häufig „Kohaku" zur Antwort. Bereits eine alte japanische Weisheit besagt, dass die Liebe zum Koi mit der Liebe zum Kohaku beginnt, und nach vielen Jahren und dem zeitweiligen Interesse für andere Varietäten, wieder zum Kohaku zurückfindet. Ob die Begeisterung für diese schlichten, rotweißen Koi nun wirklich von den japanischen Nationalfarben herrührt oder andere Ursachen hat, wissen wir nicht. Tatsache ist, dass keine andere Varietät einen so eleganten Ausdruck zu vermitteln weiß wie diese.

Neben der Qualität der Körperform und Farbe, kommt beim Kohaku der Zeichnung eine große Bedeutung zu. Am begehrtesten sind drei- oder vierfach abgestufte Zeichnungen, die man im Japanischen Sandan (dreifach) und Yondan (vierfach) nennt. Besitzt der Koi zudem ein rundes Zeichnungsmerkmal am Kopf, so wird er zum Maruten-Kohaku. Für die Benennung von Kohaku-Zeichnungen hat die japanische Sprache eine Vielzahl unterschiedlicher Vokabeln zur Verfügung. Kohaku heißt allerdings einfach ‚Rotweiß'.

Maruten Yondan Kohaku – vierfach abgestuft mit rundem Zeichnungsmerkmal am Kopf.

Sanke, gehört zu den großen Drei

Neben dem Kohaku gehört auch der Sanke zu den großen Drei – den Gosanke. Eigentlich ist der Sanke nichts anderes als ein Kohaku mit zusätzlich schwarzer Zeichnung. Aber Vorsicht: Die schwarze Zeichnung erscheint beim Sanke im Idealfall nur am Körper. Zudem besitzen seine Brustflossen häufig schwarze Streifen, sogenannte Tejima. Als Qualitätsmerkmal gilt zudem ein Schwarz, das auf weißer Haut und nicht auf roter Zeichnung liegt.

Hochwertige Sanke zu züchten, wird in Japan als besonders schwierig angesehen, mehr noch als die Zucht des Kohaku und des Showa. Der Name Sanke ist eine Abkürzung des eigentlichen Namens Taisho Sanshoku.

Erstklassiger Sanke, der sämtlichen an diese Varietät gestellten Anforderungen gerecht wird.

Showa, der Dritte im Bunde

Der Dritte im Bunde der großen Drei ist der Showa, der eigentlich Showa Sanshoku heißt. Wie der Kohaku und der Sanke besitzt er eine rotweiße Zeichnung, die dann aber von einer meist großflächigen schwarzen Körper- und Kopfzeichnung überdeckt wird. Durch die schwarze Kopfzeichnung und die Tatsache, dass sich in seinen Brustflossen (unter Umständen) kompakte schwarze Ansätze (Motoguro) und keine schwarzen Streifen (Tejima) befinden, lässt er sich vom Sanke unterscheiden. Moderne Showa mit verhältnismäßig wenig Schwarz werden Kindai Showa genannt.

Wo in Japan dem Kohaku die größte Aufmerksamkeit zuteil wird, ist es in Europa ganz klar der Showa, der in der Gunst der Koiliebhaber ganz vorne liegt.

Eine schwarze Kopfzeichnung, die den Kopf des Showa in zwei Hälften teilt, heißt Menware. Die kompakten schwarzen Flossenansätze werden Motoguro genannt.

Utsurimono, mit schwarzer Zeichnung

Dieser Familie werden drei verschiedene Varietäten zugeordnet, die alle eines gemeinsam haben: eine, den Körper und den Kopf umfassende, schwarze Zeichnung. Ist die Grundfarbe dabei weiß, spricht man vom Shiro Utsuri, bei rot vom Hi Utsuri und ist sie gelb, nennt man den Koi Ki Utsuri. Die größte Popularität erreichte in den letzten Jahrzehnten der Shiro Utsuri, der japanweit auch viel häufiger gezüchtet wird als die beiden anderen Utsurimono.

Rotschwarze Koi aus der Familie der Utsurimono nennt man Hi Utsuri.

Shiro Utsuri besitzen eine weiße Zeichnung neben der schwarzen.

Bekko, vom Aussterben bedroht

Bekko sind eine vom Aussterben bedrohte Koifamilie. Und um ganz ehrlich zu sein: Bekko werden nicht eigenständig gezüchtet, sondern treten nur als Nebenprodukt bei der Zucht des Sanke (Seite 20) auf.

Aber wie die Utsurimono, haben auch die Bekko drei Familienmitglieder: Diese sind der schwarzweiße Shiro Bekko, der schwarzrote Aka Bekko und der schwarzgelbe Ki Bekko. Die beiden Letztgenannten werden allerdings nur sehr selten gesehen. Für eine hohe Qualität ist es wichtig, dass die schwarze Zeichnung, die sich bei den Bekko nur am Körper und nicht am Kopf befindet, gleichmäßig aufgeteilt ist.

Shiro Bekko sind die einzigen Vertreter dieser Familie, die auf japanischen Koiausstellungen gesehen werden.

Shiro Bekko mit schönem Körperbau und interessanter Zeichnung.

Koromo, die Mondsichel

Einen rotweißen Koi, auf dessen roter Zeichnung sich am Körper mondsichelförmige, indigoblaue Zeichnungselemente befinden, nennt man Ai-goromo. Sind diese Mondsicheln weniger deutlich sichtbar, bedeckt zudem das Blau auch die Kopfzeichnung. Ist die Zeichnung darüber hinaus bordeauxfarben, so nennt er sich Budo-goromo. Sind die Kopf- und Körperzeichnung fast schwarz, heißt er Sumi-goromo. Ein Showa mit zusätzlicher mondsichelförmiger indigoblauer Markierung auf roter Zeichnung wird zum Koromo-Showa. Die vier Varietäten stellen die Familie der Koromo, die zu den schwer zu züchtenden Koi zählen und sich unter Koiliebhabern großer Beliebtheit erfreuen.

Nur sehr selten trifft man auf Ai-goromo mit einer derart gleichmäßigen indigoblauen Zeichnung auf den roten Schuppen.

Budo-goromo besitzen nicht dieselbe gleichmäßige Schuppenzeichnung wie Ai-goromo, dafür aber ein deutlich dunkleres Rot.

Goshiki, sie gehören mit zu den Schönsten

Goshiki bedeutet ‚fünf Farben'. Folgt man den ursprünglichen Statuten für diese Varietät, dann sollten diese Tiere weiß, schwarz, rot, hellblau und dunkelblau sein. Aber die meisten Betrachter sehen nur Schwarz, Rot, Grautöne und Weiß. Goshiki gehören zu den schönsten Koi überhaupt und gewinnen derzeit auf Ausstellungen alles was in ihren Möglichkeiten steckt. Auch wenn es einige optisch komplett unterschiedliche Goshiki-Sorten gibt, so unterteilt sich diese Varietät grundsätzlich in den dunklen Kuro Goshiki und den hellen Shiro Goshiki. Daneben gibt es noch den Goshiki-Sanke, der aber nur eine untergeordnete Rolle spielt.

Helle Goshiki kommen aus den Blutlinien der Shiro Goshiki.

Die dunklen Goshiki werden Kuro-Goshiki genannt.

Kumonryu, der neunfach gezeichnete Drache

Kumonryu bedeutet „der neunfach gezeichnete Drache". Diesen Namen erhielt die Varietät aufgrund der sich immer wieder verändernden schwarzen Zeichnung, die auf schuppenloser weißer Haut liegt. Leider ist es jedoch häufig so, dass die letzte Veränderung, die ein Kumonryu erfährt, diejenige hin zum vollkommen schwarzen Koi ist. Dies ist der Grund dafür, dass das Interesse für diese, eigentlich sehr attraktiven, Koi mehr und mehr nachgelassen hat. Neben dem schwarzweißen Kumonryu gibt es noch den rot-schwarz-weißen Benikumonryu.

Kumonryu zählen zu den attraktiven, aber auch riskanten Koi, was die Entwicklung der schwarzen Zeichnung angeht.

Besitzt der Kumonryu neben seiner schwarzen Zeichnung auch eine rote, so nennt man diese Koi Benikumonryu.

Shusui, eine deutsch-japanische Kreuzung

Der Shusui war der erste Koi, der aus der Kreuzung deutscher Spiegelkarpfen mit japanischen Koi entstand. Dies passierte zu Beginn des letzten Jahrhunderts und seither hat sich an den Standards dieser Varietät nicht viel geändert. So sollte die Beschuppung entlang des Rückgrats möglichst gleichmäßig sein. Ebenso die rote Zeichnung entlang der Seiten – je spiegelbildlicher desto besser. Bei traditionellen Shusui befindet sich die rote Zeichnung nur bis knapp oberhalb der Seitenlinie, und der Bereich zwischen dem Ende der Zeichnung und der Rückgratbeschuppung ist bei jungen Shusui dann strahlend blau. Doch verliert sich dieses Blau über die Jahre und wird im Idealfall weiß oder im schlimmsten Fall schwarzgrau.

Shusui mit alleinstehenden runden Zeichnungselementen heißen Hana Shusui. Tiere, bei denen die rote Zeichnung Kopf und Körper fast vollständig einnehmen, nennt man Hi Shusui.

Shusui mit dominanter roter Zeichnung und über 80 cm Körperlänge.

Eine zu beiden Seiten möglichst spiegelbildliche rote Zeichnung wird bei Shusui sehr gerne gesehen.

Asagi,

gehören zu den ältesten Varietäten

Ihre Schönheit lebt von einem schlichten grau-weiß-blauen Netzmuster entlang des Rückens, das je gleichmäßiger es ist, desto höher bewertet wird. Unterhalb der Seitenlinie, an den Flossenansätzen und seitlich entlang des Kopfes und den Kiemendeckeln befindet sich zudem eine orangerote Zeichnung, die möglichst auf beiden Körperseiten spiegelbildlich vorkommen sollte.

Dunkle Asagi heißen Konjo-Asagi, helle Narumi Asagi. Asagi mit dominanter roter Zeichnung werden zudem auch Hi Asagi genannt.

Die Eleganz des Asagi entsteht durch sein sehr schlichtes und nur wenig aufgeregtes Erscheinungsbild.

Da die orangefarbene Zeichnung des Asagi meist nur bis zur Seitenlinie reicht, ist sie in der Draufsicht nicht immer sichtbar.

Kawarimono,

der Sonderling

Sonderlinge, so die Übersetzung von Kawarimono, sind all die Varietäten, die neu geschaffen werden und keiner anderen Varietät zugeordnet werden können. Da das Spiel der Koizucht schon eine Weile dauert, hat sich in der Familie der Kawarimono so einiges an Varietäten angesammelt. Diese alle zu nennen, würde den Rahmen dieses Buches bei Weitem sprengen. Wichtig ist wahrscheinlich zu wissen, dass alle einfarbig nichtmetallicfarbenen Koi den Kawarimono zugeordnet werden, und zudem alles was schräg, schrill und auffallend ist. Kann man für einen einzelnen Koi keinen eindeutigen Namen finden, dann wird er häufig Kawarigoi genannt.

Kawarigoi

Karashigoi
Tancho
Matsukawabake
Matsukawabake

Hikarimuji-mono, Koi mit metallischem Glanz

Alle Familien, denen das Wort Hikari vorangestellt ist, haben eines gemeinsam: Die Koi, die darin vereinigt sind, besitzen eine metallicfarbene glänzende Haut. Für Einsteiger ins Koihobby nur schwer von den Koi ohne Metallicglanz zu unterscheiden, gibt es ein Merkmal, nach dem die Abgrenzung recht einfach und zuverlässig funktioniert: Betrachtet man die Brustflossen, so werden diese Koi ohne Metallicglanz in den letzten Zentimetern transparent, bei metallicfarbenen Tieren besitzen sie durchgängig dieselbe Deckkraft.

Der Familie der Hikarimuji-mono gehören nun alle einfarbigen, metallicfarbenen Koi an. Die beiden populärsten sind der gelbe Yamabuki Ogon und der schneeweiße Platinum Ogon. Neben den komplett einfarbigen Koi sind es noch die sogenannten metallicfarbenen Matsuba. Bei diesen einfarbenen Koi befindet sich auf den Schuppen noch eine schwarze Zeichnung, die im Gesamten den Eindruck eines Pinienzapfens ergibt. Insgesamt dürften es um die 15 Varietäten sein, die dieser Familie angehören.

Der Yamabuki Ogon ist der populärste und am häufigsten gezüchtete Hikarimuji.

Hikarimoyo-mono,

leuchtend metallisch

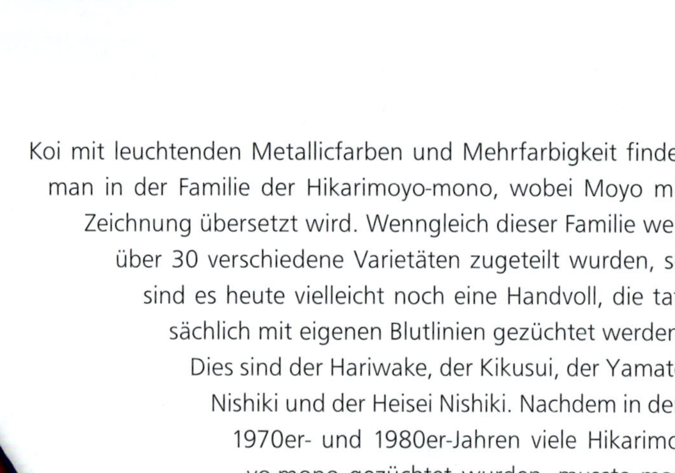

Koi mit leuchtenden Metallicfarben und Mehrfarbigkeit findet man in der Familie der Hikarimoyo-mono, wobei Moyo mit Zeichnung übersetzt wird. Wenngleich dieser Familie weit über 30 verschiedene Varietäten zugeteilt wurden, so sind es heute vielleicht noch eine Handvoll, die tatsächlich mit eigenen Blutlinien gezüchtet werden. Dies sind der Hariwake, der Kikusui, der Yamato Nishiki und der Heisei Nishiki. Nachdem in den 1970er- und 1980er-Jahren viele Hikarimoyo-mono gezüchtet wurden, musste man irgendwann feststellen, dass die metallicfarbenen doch nicht ganz so edel erscheinen. Dies hatte zur Folge, dass sich viele Züchter wieder davon abwandten.

Der Kikusui ist einer der wenigen Hikarimoyo-mono, die heute noch in bedeutenden Stückzahlen gezüchtet werden.

Hariwake mit einer für diese Varietät sehr interessanten Zeichnung.

Hikariutsuri-mono, auch sie sind glänzend

Als die beiden Familien Showa und Utsurimono mit metallicfarbenem Glanz versehen wurden, schaffte man für deren Nachkommen die Familie der Hikariutsuri-mono. Hierzu gehören also alle metallicfarbenen Showa, Hi Utsuri, Shiro Utsuri und Ki Utsuri. Namentlich heißen diese dann: Kin Showa und Gin Shiro Utsuri. Der Kin Ki Utsuri umfasst beide: den Hi- und Ki Utsuri. Wenn auch in kleinen Stückzahlen, findet man jedoch hochwertige Hikariutsuri-mono immer wieder.

Kin Showa sind die metallicfarbenen Vertreter des Showa.

Hi Utsuri mit metallic-farben glänzender Haut werden Kin Ki Utsuri genannt.

Kujaku,

der Prinz der Metallicfarbenen

Einst gehörte der Kujaku, dessen Name mit Pfau übersetzt wird, noch den Hikarimoyo-mono an. Da er aber landauf, landab bei sämtlichen Koiausstellungen in dieser Klasse dominierte, entschied man sich, ihm eine eigene Familie, in der er gewertet wird, zu geben. Seine besondere Schönheit entsteht dabei durch eine metallicrote oder orangerote Zeichnung auf brillant weißer Haut und einem schwarzgrauen Matsubamuster auf dem Schuppenkleid. Kujaku mit kräftigem Rot werden zudem Beni Kujaku genannt.

Kujaku mit außergewöhnlich guter Zeichnung.

Der ursprüngliche Erfinder dieser Varietät fühlte sich aufgrund der besonderen Schuppenzeichnung und Färbung an einen Pfau erinnert.

Kinginrin, die Zweiklassengesellschaft

Kin heißt Gold, Gin Silber und Rin Schuppen – die Goldsilberschuppen. Der Einfachheit halber wird umgangssprachlich fast ausschließlich das Wort Ginrin verwendet.

Die Schuppenbeschaffenheit der Kinginrin wird gerne und häufig mit metallicfarbener Haut – Hikari – verwechselt. Denn die Haut der meisten Kinginrin ist nicht metallicfarben, sondern dieser Metalleffekt entsteht einzig in den Schuppen. Im Gegensatz zu normalbeschuppten Koi sind bei den Kinginrin die Schuppen mit perlmuttartigem Glanz durchzogen, der je nach Sonneneinstrahlung und Lichtverhältnissen den Koi geradezu zum Strahlen bringt. Fast jede heute bekannte Varietät wurde irgendwann auch als Ginrin-Variante gezüchtet. So gibt es Ginrin Sanke, Ginrin Kohaku und Ginrin Showa, genauso wie Ginrin Chagoi, Ginrin Ochiba oder viele andere auch. Kinginrin-Koi werden jedoch in der Regel nicht ganz so groß.

Der Ginrin Ochiba gehört zu den sehr beliebten Ginrin-Vertretern.

Bekommt der Shiro Utsuri glitzernde Schuppen, so spricht man vom Ginrin Shiro Utsuri.

Tancho, doch nicht der Wertvollste

Alle Welt glaubt, dass der weiße Koi mit dem roten runden Fleck am Kopf der teuerste sei. Aber nur weil er die japanische Flagge repräsentiert, ist er noch lange nicht der wertvollste aller Koi, dies vorweg. Ein Koi gehört dann zur Familie der Tancho, wenn er einen runden roten Fleck am Oberkopf trägt und sich gleichzeitig kein weiteres Rot an Kopf, Körper oder den Flossen befindet. Und je runder der Fleck und je besser dieser platziert ist, desto höher die Bewertung auf Ausstellungen. Neben den Tancho Kohaku, Tancho Sanke und Tancho Showa gibt es noch Tancho Kujaku, Tancho Goshiki und andere.

Tancho Kohaku –
die Nationalflagge Japans

Tancho Showa, einer der beliebtesten Tancho.

Doitsu, die aus Deutschland

Doitsu ist der Name für Deutschland. Der Grund, warum vielen schuppenlosen Koivarietäten das Wort Doitsu vorangestellt wird, liegt daran, dass die ersten schuppenlosen Karpfen von Deutschland nach Japan kamen. Dies ist zwar bald hundert Jahre her, die Bezeichnung hat sich aber bis heute gehalten. Für die Doitsu gilt dasselbe wie für die Kinginrin: Fast alle normalbeschuppten Varietäten gibt es auch als schuppenlose Variante, die sich jedoch in der Regel durch einen etwas plumperen Körperbau unterscheiden.

Zwei Doitsu-Varietäten wurden sogar in eigene Familien umgesiedelt. Dies ist der Shusui und der Kumonryu. Neben dem fast vollständig schuppenlosen Kawa-goi oder Lederkarpfen (z.B. Kumonryu) gibt es auch den Kagami-goi, Spiegelkaprfen (z.B. Shusui). Bei Letzterem ist die Gleichmäßigkeit der Beschuppung immer ein wichtiges Qualitätskriterium. Auf großen Koiausstellungen werden Doitsu-goi in einer eigenen Klasse geführt. Dies geschiet auf kleinen Shows in der Klasse, aus der die ursprüngliche Varietät stammt.

Doitsu Shiro Utsuri

Tancho Showa, einer der beliebtesten Tancho.

Doitsu, die aus Deutschland

Doitsu ist der Name für Deutschland. Der Grund, warum vielen schuppenlosen Koivarietäten das Wort Doitsu vorangestellt wird, liegt daran, dass die ersten schuppenlosen Karpfen von Deutschland nach Japan kamen. Dies ist zwar bald hundert Jahre her, die Bezeichnung hat sich aber bis heute gehalten. Für die Doitsu gilt dasselbe wie für die Kinginrin: Fast alle normalbeschuppten Varietäten gibt es auch als schuppenlose Variante, die sich jedoch in der Regel durch einen etwas plumperen Körperbau unterscheiden.

Zwei Doitsu-Varietäten wurden sogar in eigene Familien umgesiedelt. Dies ist der Shusui und der Kumonryu. Neben dem fast vollständig schuppenlosen Kawa-goi oder Lederkarpfen (z.B. Kumonryu) gibt es auch den Kagami-goi, Spiegelkaprfen (z.B. Shusui). Bei Letzterem ist die Gleichmäßigkeit der Beschuppung immer ein wichtiges Qualitätskriterium. Auf großen Koiausstellungen werden Doitsu-goi in einer eigenen Klasse geführt. Dies geschiet auf kleinen Shows in der Klasse, aus der die ursprüngliche Varietät stammt.

Doitsu Shiro Utsuri

Doitsu Karashigoi
Doitsu Showa
Doitsu Sanke

Der Koiteich

Koiteiche werden exakt auf die Bedürfnisse der Koi zugeschnitten.

Der Spaß, und vor allem der Erfolg bei der Koihaltung, hängen nicht zuletzt vom Teich ab, in dem man seine Koi pflegt. Zusammen mit der angeschlossenen Filtertechnik entscheidet dieser nicht nur über die Wasserqualität und Gesundheit der Koi, sondern auch über die Arbeit, die das Hobby am Ende des Tages macht. Deshalb sollten Teiche gut geplant und fachmännisch gebaut werden, um nicht später zum hauseigenen Alptraum heranzuwachsen. Wie sagt ein unter Koiliebhabern weit verbreitetes Sprichwort: „Man baut seinen Teich auf jeden Fall zweimal, häufig auch dreimal". Um Ihnen dies möglichst zu ersparen, geht dieses Buch auf die wesentlichen Merkmale eines funktionierenden Koiteichs ein. Es erspart aber nicht die Lektüre weiter gehender Literatur oder einer fachkundigen Beratung durch Koiexperten oder Teichbauer.

Gartenteich oder Koiteich?

Kann man nun Koi in einem Gartenteich pflegen oder braucht es dafür immer einen professionell gebauten Koiteich? Die Frage sollte weniger nach dem Teichtyp gestellt werden, sondern vielmehr nach der entsprechenden Filteranlage. Besitzt ein Gartenteich mit Seerosen und verschiedenen Tiefenzonen auch eine ausreichend große Filteranlage, so ist die Koihaltung zumindest in begrenztem Umfang auch dort möglich. Am deutlichsten unterscheiden sich Gartenteiche von Koiteichen dadurch, dass in einem Koiteich der Schwimmraum der Koi möglichst steril gehalten wird. Er sollte über eine Mindesttiefe von 1,80 Metern und über Bodenabläufe verfügen, die den Schmutz effektiv zum Filter abtransportieren. Aber wie gesagt: Wird in einem gewöhnlichen Gartenteich eine Pumpe an einer tiefen Stelle platziert und das Wasser zu einem oberhalb der Wasserlinie aufgestellten Filter gepumpt, so ist Koihaltung durchaus möglich – allerdings mit einem bedeutend höheren Pflegeaufwand.

Papierfilter helfen bei der Wasseraufbereitung und entziehen dem Wasser fortwährend die Schmutzbestandteile.

Auch in Gartenteichen ist die Koihaltung in begrenztem Umfang möglich – sofern ein Filter installiert wurde.

Was braucht ein funktionierender Koiteich?

Die vielleicht schönsten Koiteiche finden sich nach wie vor in Japan.

Diese Frage könnte man als Arbeitstitel für ein umfangreiches Fachbuch heranziehen. Wer allerdings in der Planungs- oder Materialzusammenstellungsphase für seinen Teich ist, kann mittels folgender Übersicht ermitteln, ob an die grundsätzlichen, mit Ausnahme der Heizung, unverzichtbaren Punkte gedacht wurde.

Bodenablauf, Skimmer (Oberflächenreinigung), Sauerstoff, mechanischer Filter, Biofilter, UVC-Lampe, Pumpe, eventuell Heizung.

Schlussendlich geht es bei der Planung und dem Bau von Koiteichen um nichts anderes als die oben aufgeführten Punkte zu dimensionieren und aufeinander abzustimmen.

Wo, wie groß und wie tief?

Diese Fragen sind ganz wesentlich. Nicht nur die Baukoste, sondern auch die späteren Betriebskosten hängen von der Größe des Teichs ab. Selbst wenn es nach oben keine Grenzen gibt, so hat die Erfahrung gezeigt, dass alles, was den Rahmen von 100.000 Litern sprengt, sowohl von den Kosten als auch vom Handling (z.B. das Fangen von kranken Koi) wenig sinnvoll ist. Um Temperaturschwankungen im Tagesverlauf nicht zu extrem ausfallen zu lassen, sollten unbeheizte Teiche nicht kleiner als 10.000 Liter sein.

Bei der Teichtiefe empfiehlt es sich – besonders wegen der sicheren Überwinterung der Koi – mit einem Bereich von 1,80 bis 2 Metern zu planen. Jedoch sollte auch ein Bereich mit 0,50 bis 0,70 Meter vorgesehen werden, in dem zum Beispiel konditionell schwache Koi ausruhen können. Keinesfalls sollten Teiche mehr als zwei Meter tief sein. Zur Lage des Teichs schrieb ein japanischer Koiexperte einmal: „Der Teich erwacht in der Morgensonne, liegt während der Mittagsstunden im Schatten und beendet den Tag gemeinsam mit dem Sonnenuntergang!" Sicherlich ist dies nur auf den wenigsten Grundstücken möglich, allerdings sollte unbedingt auf etwas natürlichen Schatten in Form von Bäumen oder Büschen geachtet werden.

von links:
Eine Tiefzone von 1,8-2m und eine Flachwasserzone von etwa 0,5 m sind optimal.

Koiteiche beginnen schon ab einer Größe von 10.000 Litern.

Welche Materialien für den Koiteich?

Abdichtung

Die im Handel angebotenen Materialien für den Koiteichbau sind auf der einen Seite zwar mannigfaltig, auf der anderen Seite haben sich über die Jahre aufgrund ihrer Eigenschaften einige bewährt und durchgesetzt. Für die Abdichtung des Teichs sind dies:

- Glasfaserverstärkter Kunststoff – sehr stabil aber hochpreisig.
- Vor Ort verschweißte PE-Folie – stabil, muss aber von professionellem Verarbeiter verlegt werden.
- EPDM-Folie – extrem dehnbar, aber in punkto Verklebung/Verschweißung nicht ganz unproblematisch. Kann aber selbst verlegt werden.
- PVC-Folie – sicherlich keine so guten Materialeigenschaften wie die zuvor genannten Abdichtungen, dafür sehr günstig und einfach in der Verarbeitung.

Beim Einsatz von Folien sollte auf eine möglichst faltenfreie Verlegung geachtet werden.

Professioneller Koiteich, dessen Schale aus glasfaserverstärktem Kunststoff erstellt wurde. Als Rohrleitungsmaterial wurden KG-Rohrleitungen verwendet.

Rohrleitungen

Mittels Rohrleitungen wird der Teich mit dem Filter verbunden. Rohrleitungen für die unterschiedlichsten Anwendungen gibt es unzählige. Am Koiteich haben sich nachfolgende bewährt:

- PVC-U – verklebt: Sowohl als Zuleitung zum Filter, als auch als Rücklauf vom Filter zum Teich.
- KG – gesteckt: Dieser Rohrleitungstyp liegt als Abwasserleitung unter fast jedem Haus und in der Größe DN110 unter fast jedem Koiteich als Bodenablaufleitungen.
- Spiralschläuche bieten sich vor allem für längere Distanzen wie z.B. die Versorgung eines Bachlaufs oder Wasserfalls an.

Bodenablauf

Skimmer

Filtermedium zum Auffangen des Schmutzes. Hier eine handelsübliche Bürste.

Filterung

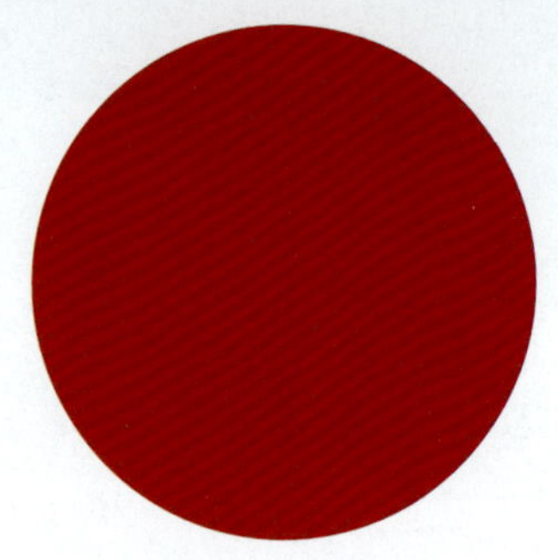

Die Schönheit und Gesundheit der Koi, aber auch die Optik des Wassers sind ein Spiegelbild der Filtertechnik, die mit dem kontinuierlichen Um- und Abbau verschiedener Verschmutzungen beschäftigt ist. Doch die Filtertechnik ist kein einfaches Thema, das in wenigen Zeilen abgehandelt werden kann. Es ist allerdings auch nicht notwendig, sämtliche Vorgänge zu verstehen, die in einem Filter ablaufen. Das Wissen sollte zumindest soweit vorhanden sein, dass man dem Verkäufer oder Berater einigermaßen folgen kann. Dies möchte ich Ihnen nachfolgend vermitteln.

Der Schmutz muss raus!

Koi sind gefräßige Biester. Und bekanntermaßen muss alles, was vorne reingeht, auch irgendwann hinten wieder raus. Dabei kann man sich leicht vorstellen, welche Kotmengen in einem Teich anfallen, in dem täglich 300 bis 700 Gramm oder noch mehr gefüttert werden – zuzüglich der Grünkost in Form von Algen. Dabei entscheidet der eine Teil der Wasserqualität (der sichtbare) darüber, wie gut der Schmutz in der sogenannten mechanischen Filterstufe gefangen wird und wie schnell er dort endgültig aus dem Wasser entfernt wird. Um den Schmutzabtransport aus dem Teich so effektiv wie möglich zu gestalten, braucht man dort Bodenabläufe für den absinkenden Schmutz und Skimmer (Oberflächenabsaugungen) für alles, was nicht in den Teich gehört, aber schwimmen kann.

Häufig eingesetzte mechanische Filter sind:

- Trommelfilter – hochpreisig aber sehr effektiv.
- Papierfilter – man sollte sich im Vorfeld über den entstehenden Abfall Gedanken machen.
- Spaltfilter – nicht ganz so effektiv wie Trommel- oder Papierfilter.
- Bürstenkammer – muss mitunter mehrmals die Woche von Hand gereinigt werden.
- Sonstige mechanische Filter im Eigenbau, bei denen mittels Filtermatten oder anderen Materialien der Schmutz aufzufangen versucht wird.

Stickstoffverbindungen um- und abbauen

Unser Auge kann Kot, der im Wasser schwimmt, wahrnehmen. Im Wasser gelöste Stickstoffverbindungen, die den Koibestand fortwährend bedrohen, sind im Gegensatz dazu unsichtbare Gegner.

Ins Wasser gelangen diese Stickstoffverbindungen größtenteils über das Futtereiweiß, das teilweise über die Kiemen als Ammonium abgeatmet wird. Dieses Ammonium gilt es nun so schnell wie möglich vom biologischen Filter ab- beziehungsweise umbauen zu lassen. Der Name biologischer Filter rührt daher, dass dieser Prozess mittels darauf spezialisierter Bakterien abläuft. In der ersten Stufe wird dabei schädliches Ammonium in ebenfalls fischgiftiges Nitrit umgebaut. In der zweiten Stufe wird Nitrit zu relativ ungiftigem Nitrat. Das war schon alles zum Thema Nitrifikation, wie es in der Fachliteratur genannt wird. Und alles, was den Bakterien im Filter angeboten werden muss, ist Oberfläche, auf der diese ansiedeln können. Die zur Verfügung stehenden Materialien unterscheiden sich dabei vor allem in Gewicht, Oberfläche, Durchströmbarkeit und Reinigungsfähigkeit. Gereinigt werden sollten Biofilter allerdings nur mit Teichwasser, um die Bakterien nicht zu töten.

1 Kunststoffbeads
2 Blähton
3 Poröses Filtergestein
4 Kunststoffmaterial
5 Schaumstoffmatten
6 Kunststoffmaterial
7 Japanmatten

Ein bisschen Desinfektion

UVC-Strahlung einer bestimmten Wellenlänge besitzt die Fähigkeit, Keime zu töten. Und diese Fähigkeit macht man sich am Koiteich gleich zweifach nutzbar. Erstens bei der Abtötung störender, das Wasser grün färbender Algenblüte und zweitens bei der Reduzierung des Keimdrucks, der vor allem bei stärker besetzten Teichen fischgefährliche Dimensionen annehmen kann. Das Angebot an UVC-Lampen ist vielseitig. So findet man im Handel UVC-Lampen, die in Gehäusen untergebracht sind, genauso wie sogenannte Tauch-UVC-Lampen. Sie unterscheiden sich auch in ihrer UVC-Leistung.

Vorsicht: Niemals in eine offene UVC-Lampe schauen. Hier besteht die Gefahr, sich die Augen zu verblitzen oder irreparable Netzhautschäden davonzutragen.

Tauch-UVC-Lampe zur Unterbringung in einem Filterbehälter.

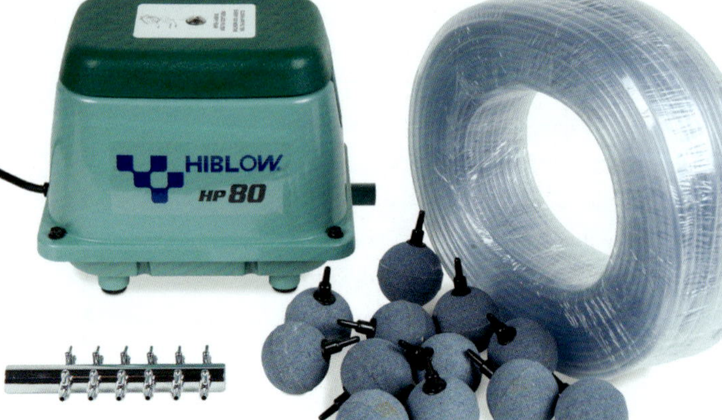

Membranpumpe mit Luftschlauch und Ausströmersteinen sind die gängigste Art des Sauerstoffeintrags am Koiteich.

Sauerstoff

Sauerstoff ist Leben. Das gilt für das Leben auf dem Land wie im Wasser. So benötigen Koi mindestens eine im Wasser gelöste Sauerstoffkonzentration von 5 mg/Liter zum Überleben. Der Sauerstoff steht jedoch nicht alleine den Koi zur Verfügung. Sowohl die Teichbiologie als auch die Algen (nachts) konkurrieren mit den Koi um diesen wertvollen Stoff. Deshalb ist ein fortwährender und kontinuierlicher Sauerstoffeintrag am Koiteich unverzichtbar.

Die dazu am häufigsten angewandte Methode funktioniert über die Belüftung des Teichs und des Filters mittels sogenannter Membranpumpen. Hier wird Umgebungsluft unter Druck über Auströmersteine verperlt, was zu einem recht guten Eintragsergebnis führt.

Teurer, aber sehr effektiv, ist der Einsatz von Sauerstoffkonzentratoren. Hier wird der zu 78 Volumenprozent in der Luft enthaltene Stickstoff zuvor rausgefiltert, was zu einem deutlich höheren prozentualen Anteil an Sauerstoff führt.

Daneben gibt es noch Rieselfilter, die oberhalb der Wasseroberfläche aufgestellt werden und bei denen der Sauerstoff durch das Verrieseln des Wassers erreicht wird. Aber auch Venturidüsen finden nach wie vor Einsatz am Koiteich.

Rieselfilter in Kombination mit Luftausströmern am Boden des Teiches sind eine sehr effektive Sauerstoffeintragsmethode.

Welche Filtertechnik?

Für jedes Problem eine Lösung, oder anders ausgedrückt: Filter gibt es so viele, wie es Menschen gibt, die sich dazu Gedanken gemacht haben. Ich stelle Ihnen einige wichtige davon vor, ohne jedoch Anspruch auf Vollständigkeit zu erheben.

Mehrkammerfilter

Wie es der Name schon verrät, sind Mehrkammerfilter aus mehreren hintereinander geschalteten Kammern aufgebaut. Diese können wahlweise mit biologischem oder mechanischem Filtermaterial zur Schmutzentfernung bestückt werden. Mehrkammerfilter gibt es fertig zum Einsatz zu kaufen, sie bieten sich aufgrund ihres einfachen Aufbaus jedoch auch zum Eigenbau an. Verfügt ein Teich ausschließlich über einen Mehrkammerfilter, ohne zusätzliche Schmutzentfernung, sind sie etwas mühsam in der Reinigung. Mehrkammerfilter sind die in Japan am häufigsten benutzten Filter.

Papier-/Vliesfilter

Bei Papierfiltern wird das verschmutzte Teichwasser durch ein Filterpapier hindurchgeleitet, das sämtliche Verschmutzungen ab einer bestimmten Größe zurückhält. Wenn das Papier verstopft ist, wird es automatisch weitertransportiert und neues, unverbrauchtes Filterpapier rückt nach. Papierfilter sind effektiv, aber je nach Dimensionierung mit hohem Abfallaufkommen und hohen Kosten durch Filtervlies behaftet. Viele Kons-

von links: Mehrkammerfilter, dessen beide Kammern mit Japanmatten bestückt wurden.

Beadfilter zur biologischen und mechanischen Feinreinigung.

truktionen besitzen zudem einen integrierten Biofilter, der aber nicht immer ausreichend groß ist. Ideal sind Papierfilter zur schnellen und einfachen Nachrüstung an Teichen, die bisher ohne Filter betrieben wurden.

Beadfilter und Spaltfilter

Sehr häufig zum Einsatz kommt die Kombination aus Spalt- und Beadfilter. Hierbei fließt das Wasser zunächst über ein Schrägsieb, das die Fähigkeit besitzt, Wasser und grobe Verunreinigungen voneinander zu trennen. Das so mechanisch vorgereinigte Wasser wird im Anschluss zu einem, mit feinen Kunststoffkügelchen (Beads) befüllten, Behälter gepumpt, wo das Wasser sowohl biologisch aufbereitet wird als auch den optischen Feinschliff in der mechanischen Reinigung erhält. Diese Filterkombination ist verhältnismäßig günstig und einfach im Aufbau.

Trommelfilter

Der Trommelfilter ist ein rein mechanisch arbeitender Filter. In ihm findet eine Feststoffentfernung statt, aber keine biologische Aufbereitung des Wassers. Bei diesen Filtern ist eine Trommel mit einem feinen Filtergewebe umspannt, durch das das Wasser hindurch muss, um den Filter zu passieren. Verstopft das Sieb, so wird die Trommel mittels eines Motors gedreht und unter Druck abgespült. Dieser Prozess wiederholt sich im Schnitt alle 20 bis 60 Minuten. Trommelfilter sind die wohl effektivsten mechanischen Filter, brauchen aber etwas Planung und vor allem einen Abwasseranschluss. Bei Neubauten sollte die Anschaffung dieses Filters in Betracht gezogen werden.

von links:
Spaltfilter zur mechanischen Vorreinigung. Zusätzlich wurde hier eine UVC-Lampe integriert.

Trommelfilter gibt es mittlerweile für alle Teichgrößen und Ansprüche.

Kompaktfilter mit begrenzter Filterkapazität.

Und noch mehr Filter

Wie gesagt, Filter gibt es wie Sand am Meer. Angefangen von kleinen mehr oder weniger effektiven Kompaktfiltern aus dem Baumarkt, über einzelne Filterkammern bis hin zu Rieselfiltern, die während ihres Arbeitens sowohl Schadstoffe abbauen als auch Sauerstoff ins Wasser eintragen. Wird ein Filter sehr angepriesen, ist es empfehlenswert, sich die eine oder andere Anlage zeigen zu lassen, bei der diese Konstruktion schon längere Zeit läuft, denn unzureichende Filter können vor allem zwei Dinge gut: Koi schädigen und den Spaß am Koihobby gewaltig verderben.

Wasseraufbereitung und Wasserqualität

Die Schönheit der Koi ist nur bedingt messbar, die Wasserqualität schon. Und die Wasserqualität hält Koi nicht nur gesund und bei Laune, sondern ist auch der Schönheit der Tiere zuträglich. Was wollen wir also mehr, als gesunde und schöne Koi? Deshalb ist ein ungefährer Überblick über die wichtigsten Wasserparameter und deren schädliche Grenzwerte notwendig.

Ammonium/Ammoniak

Ammonium entsteht bei der Verstoffwechselung des Futtereiweißes und wird von den Koi über die Kiemen ans Wasser ausgeschieden. Befindet sich der pH-Wert unter pH 7, so ist Ammonium für Koi relativ ungefährlich. Steigt der pH-Wert über pH 7 wird das Ammonium zunehmend zu fischtoxischem Ammoniak. Da in Europa das Wasser in den meisten Gegenden zu höheren pH-Werten als pH 7 tendiert, sollte dafür gesorgt werden, dass der gemessene Ammoniumwert nicht über 0,1 mg/Liter liegt. Langfristig höhere Werte deuten auf einen nur unzureichend arbeitenden Filter hin.

Nitrit

Nitrit ist die zweite Stufe im Umbau des Futtereiweißes und wird unter japanischen Züchtern als einer der problematischsten Wasserparameter überhaupt angesehen. Wie beim Ammonium gilt hier ein Grenzwert von 0,1 mg/Liter. Steigt die Nitritkonzentration an und bleiben die Werte oben, so ist dies ebenfalls ein Zeichen für unzureichende Filterung.

Nitrat

Durch den, von Bakterien durchgeführten, Umbau von Nitrit entsteht Nitrat. Nitrat ist zwar auch in Konzentrationen von 100 mg/Liter für Koi nicht unmittelbar schädlich, dennoch zeigen sehr hohe Nitratwerte an, dass dem Teich nicht ausreichend Frischwasser zugeführt wird.

Phosphat

Auch Phosphat gelangt über das Koifutter ins Wasser. Wie Nitrat ist Phosphat nicht unmittelbar schädlich, jedoch zeigen Konzentrationen von über 3 mg/Liter an, dass der Frischwasserwechsel nicht ausreichend durchgeführt wurde.

Biofilterkammer zum Ammonium- und Nitritabbau.

Sauerstoff

Das Minimum an Sauerstoff, das Koi zum Überleben benötigen, sind 5 mg/Liter. Bei Werten darunter beginnen die Koi an der Oberfläche nach Luft zu schnappen und schließlich zu sterben. Da die Sauerstofflöslichkeit von Wasser mit zunehmender Temperatur sinkt, sollten vor allem im Sommer immer wieder Messungen des Sauerstoffgehalts durchgeführt werden und gegebenenfalls für eine zusätzliche Belüftung gesorgt werden.

pH-Wert

Der pH-Wert des Wassers hat seinen neutralen Punkt bei pH 7. Bei Werten darunter spricht man von sauerem Wasser, darüber von alkalischem. Koi können zwischen pH 6 und pH 9 gut leben. Als optimal wird jedoch der Bereich zwischen pH 7 und pH 8 angesehen. Sollte eine Veränderung des pH-Wertes erforderlich werden, so empfiehlt sich, dies zunächst mit einem Fachmann durchzusprechen, da hier die Anzahl gefährlicher Fehler enorm groß ist.

Der pH-Wert steht in direktem Zusammenhang mit der Karbonathärte des Wassers. Ist diese niedrig, tendiert das Wasser zu einem niedrigen pH-Wert und umgekehrt.

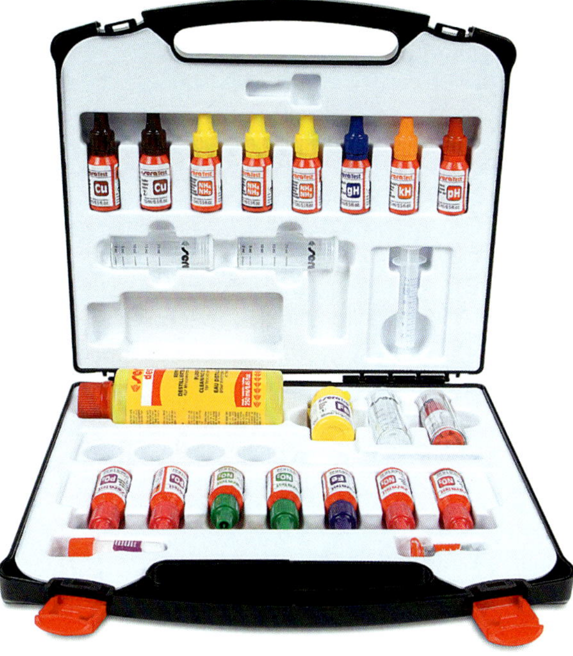

Temperatur

Die Tierärztin Dr. Sandra Lechleiter brachte es einmal auf den Punkt: „Koi sind keine Kaltwasserfische". Es sind Warmwasserfische, die nur mit Kälte recht gut umgehen können. Wer Koi seit Längerem pflegt, weiß, was sie damit gemeint hat. Wie bei der Sauerstoffkonzentration ist auch bei der Temperatur die magische Zahl 5. Fällt das Wasser unter 5 °C benehmen sich die Koi komisch und erste Verluste im Bestand können auftreten. Deshalb sollte im Winter über eine Wärmeisolation des Teiches und eventuelles Zuführen von Wärme ein Unterschreiten dieser Temperatur verhindert werden.

Nach oben liegt der Grenzwert bei knapp über 30 °C, was aber in Mitteleuropa in Teichanlagen in der Regel nicht erreicht wird. Da jedoch mit zunehmender Temperatur immer weniger Sauerstoff im Wasser zur Verfügung steht, sollte ab 27 °C die Fütterung deutlich zurückgenommen werden.

Weitere Wasserparameter

Neben diesen Wasserparametern gibt es noch eine Reihe weiterer, die jedoch den Rahmen dieses Buches sprengen würden. Wer aber die beschriebenen Werte an seinem Teich unter Kontrolle hat, kann davon ausgehen, dass es normalerweise zu keinen, auf die Wasserqualität zurückgehenden, Problemen kommen dürfte.

Achtung: ein neuer Teich

Bis zu drei Monate können vergehen, ehe die Biologie in einem Teich soweit aufgebaut ist, dass eine problemfreie Koihaltung möglich ist.

Neue Teiche und neue Filter können lediglich das Wasser in sich behalten, sonst nichts. Für die Koihaltung sind sie das denkbar Schlechteste, was es gibt, denn was den Koi (aber auch anderen Fischen) das Überleben ermöglicht, ist der biologische Filter. Fehlt dieser, rasen die fischschädlichen Wasserparameter binnen kurzer Zeit in schwindelerregende Höhen. Es hat sich gezeigt, dass Teichanlagen bei einer Wassertemperatur von 20 °C bis zu drei Monate brauchen, ehe die Ammonium- und Nitritwerte im für Fische ungiftigen Bereich bleiben. Deshalb sollte man sich nach Fertigstellung des Teiches zunächst in Geduld üben und mit einem Fachmann über das richtige Einfahren des Teiches sprechen. Ansonsten hat man wahrscheinlich den denkbar ungünstigsten Einstieg ins Koihobby überhaupt.

Koihaltung

Normal besetzter Teich, der noch mit überschaubarem Aufwand zu managen ist.

Bis hierhin war alles Koi und Technik und nun kommt Ihr Part, denn nun geht es um die Haltung und Pflege, bei der nun Sie unter Beweis stellen können, ob Ihnen das Hobby liegt oder nicht.

Einer geht noch – aber wie viele sind optimal?

Eines weiß man heute sicher über die Koihaltung: Überbesatz geht am Ende immer schief. Da Teiche mit einer größeren Anzahl an Koi – als dies der Filter und das zur Verfügung stehende Teichmanagement erlauben – in der Regel unter einer eher schlechten Wasserqualität leiden, sind dort Probleme vorprogrammiert. Sie äußern sich in Krankheiten und scheinbar plötzlich und unerklärlich verstorbenen Koi. Irgendwie scheint die Natur das von selbst zu regeln, um einen Überbesatz wieder auf Normalmaß zu regulieren. Doch was ist nun das empfohlene Normalmaß? Betrachtet man Bilder von japanischen Koizüchtern, so hat man hier und da das Gefühl, es würden sich mehr Koi als Wasser in den Becken befinden. Warum funktioniert denn dort, was hier nicht funktionieren sollte? Die Antwort ist denkbar einfach: Dort werden die Koi erstens nur für kurze Zeit eng zusammengesetzt und zweitens ist der Aufwand, der für die Haltung betrieben wird, ein Vielfaches dessen, was an Privatteichen getan wird. Und genau daran sollte der Koiliebhaber seinen Besatz anpassen, an den Aufwand, den er bereit

ist zu investieren. Besitzt man eine erstklassige Filteranlage und macht die wöchentlich empfohlenen Frischwasserwechsel, so kann man sich sicherlich an die Zahl von einem Koi pro 1.000 Liter Wasser herantasten. Für weniger ambitionierte Koiliebhaber empfiehlt es sich jedoch, die Besatzdichte bei Erreichen von einem Koi pro 2.000 bis 3.000 Litern nicht zu überschreiten.

Aber jeder der Koi bereits hält, weiß, wie dies in der Praxis abläuft: „Komm Schatz, einer geht noch."

Frauenkloster oder Männergesangverein

Erst ab einer Größe von zirka 35 cm kann bei Koi das Geschlecht recht sicher bestimmt werden.

Was ist nun eigentlich besser? Ein Mischteich mit Frauen und Männern, ein reiner Frauen- oder ein reiner Männerteich? Die Meinungen zu dieser Frage gehen weit auseinander. So bevorzugen ambitionierte Koiliebhaber auf der ganzen Welt für ihre Kostbarkeiten reine Frauenteiche. Es wird versucht zu verhindern, dass die Koi ablaichen, da dies einerseits zu Verletzungen führen, und andererseits die Qualität des Weibchens stark beeinträchtigen kann.

Tierärzte hingegen verweisen auf verschiedene Probleme, zu denen es kommen kann, wenn vor allem große Koiweibchen nicht ablaichen können und empfehlen diesbezüglich unbedingt, immer Koi beider Geschlechter in einem Teich gemeinsam zu halten.

Wer allerdings nur einen kleinen Teich von vielleicht 10.000 Litern besitzt, der ist unter Umständen mit einem reinen Männerteich am besten bedient. Denn männliche Koi sind von den Farben meist bedeutend eindrucksvoller als ihre Schwestern und bleiben deutlich kleiner.

Eigennachzucht: „Glückwunsch, es ist ein Junge"

In Japan sind es unter einem Prozent der ursprünglich geschlüpften Koi, die nach den verschiedenen Stufen der Selektion in den Verkauf gelangen. Jetzt kann man sich leicht vorstellen, wie klein die Chance ist, dass unter den im eigenen Teich nach dem Ablaichen geschlüpften Koi einmal ein wirklich attraktives Tier ist. Diese Chance geht gegen Null, zumal die Elterntiere immer durch Zufall und nicht durch Züchterwissen zusammengestellt wurden.

Jedem, der einmal Laich in seinem Teich findet, sei empfohlen, diesen so schnell und nachhaltig wie möglich aus dem Teich zu entfernen. Sind die kleinen Koi erst einmal geschlüpft, beginnt ein Teufelskreis. Schnell gewöhnen sich die Familienmitglieder an die Babys, die dann mit viel Fürsorge großgezogen werden. Und wenn diese schließlich eine Größe von 10 bis 20 Zentimetern erreicht haben, wird eines klar: Wirklich schön sind sie nicht. Aber was tun mit den nicht selten unzähligen, wild gesprenkelten Farbkarpfen? Zum Verschenken sind sie meist zu hässlich und dem Aussetzen in die Natur steht das Gesetz im Wege. Deshalb: den Laich aus dem Teich abfischen und entsorgen.

All you can eat, Koi sind verfressen

Was den Koi zu einem der liebenswürdigsten Fische überhaupt macht, wird häufig zu seinem Verhängnis: seine Verfressenheit. Koi fressen fast alles und vor allem fast immer, was nicht selten dazu führt, dass in Teichen meist viel mehr Futter schwimmt, als Koi und Filter vertragen. Stellen sich nach Monaten oder Jahren die ersten Probleme durch Überfütterung ein, so ist es für ein Umkehren meist zu spät. Deshalb sollte jeder, der mit dem Koihobby beginnt, sich umfangreiches Wissen über die richtige Ernährung von Koi aneignen. Koi sind wechselwarme Tiere, so steht die Menge und das Was an Futter in direktem Zusammenhang mit der Wassertemperatur. Und generell gilt: je kälter das Wasser, desto weniger wird gefüttert und desto geringer der Proteingehalt des Futters. Aber wie gesagt: Die artgerechte Fütterung von Koi ist ein Thema, mit dem man sich am besten frühzeitig beschäftigt.

Trotz ihres gewaltigen Appetits sind Koi friedvolle Esser, die nicht aggressiv gegen Artgenossen werden.

Koi sind geradezu unersättlich und nehmen jede Gelegenheit zur Futteraufnahme wahr.

Pflege von Teich, Wasser und Koi

Wasser ist nicht gleich Wasser. Wasser kann klar, trüb, farblos, gelbstichig, mit Schaum, ohne Schaum, matt oder von hohem Oberflächenglanz sein. Und nicht in jedem Wasser fühlen sich Koi wohl, auch wenn es nach den messbaren Werten wie Ammonium, Nitrit oder Sauerstoff vollkommen in Ordnung zu sein scheint. Es ist auch relativ schwierig bis unmöglich, das von Koi bevorzugte Wasser zu beschreiben. Das ideale Koiwasser sollte klar sein und optisch weich wirken, einen hervorragenden Oberflächenglanz besitzen und zu leichter Schaumbildung neigen. Weniger geeignetes Wasser besitzt im Gegensatz dazu keinen Glanz, ist meist leicht milchig, hart und neigt entweder zu stark oder überhaupt nicht zur Schaumbildung. Jeder, der über das für Koi optimale Wasser in seinem Teich verfügt, hat das Glück, keine Probleme mit seinen Koi zu haben, denn in optimalem Wasser helfen sich die Koi selbst. Deshalb sei jedem, der das Hobby pflegt, angeraten, sich in erster Linie um sein Wasser zu kümmern. Damit sind aber weniger Wasseraufbereiter gemeint, als die Pflege in Form von Filterreinigung und wöchentlichen Frischwasserwechseln, die in den Zeiten der Fütterung auch gerne 20 Prozent und mehr pro Woche betragen dürfen.

Keinesfalls zählt die Ausrede „In Japan schwimmen die Koi doch auch in Schlammteichen", denn dort ist die Trübung mineralisch aufgrund aufgewühlter Erde. In unseren Koiteichen ist die Trübung (zumindest wenn sie braun ist) nichts anderes als zerschlagener Kot.

Warm, kalt, warm, kalt, das haut den stärksten Koi um

Wie im Kapitel Fütterung erwähnt, sind Koi wechselwarme Fische. Das heißt, dass sich ihr Stoffwechsel mit der Wassertemperatur verändert und sich ständig anpassen muss. Diese Anpassungen verbrauchen Energie und sind für das Immunsystem nicht unproblematisch. Deshalb sollte man bei Koi stets auf stabile Verhältnisse achten und Temperatureinbrüche, die größer als ein Grad pro Tag sind, möglichst vermeiden. Die tiefsten Temperaturen können bis fünf Grad betragen, für die Überwinterung empfiehlt sich jedoch ein Temperaturbereich von fünf bis acht Grad. Höchsttemperaturen können Koi bis 30 °C und leicht darüber vertragen, was allerdings in Mitteleuropa nur in Jahrhundertsommern erreicht wird.

Koiequipment – immer einsatzbereit

Wer Koi besitzt, muss auch in der Lage sein, einen Koi aus dem Teich fangen zu können. Meist wird dies notwendig sein, wenn der Tierarzt zu Besuch kommt. Um die Prozedur für alle Beteiligten, aber insbesondere für den Koi so schonend wie möglich zu gestalten, braucht es dafür das richtige Equipment, das im Handel angeboten wird. Diese Werkzeuge sollten nie fehlen:

- Koikescher mit einer Länge, die ausreichend ist, um auch noch in die hintere Ecke des Teichs zu gelangen und dessen Kescherkopf größer ist als der größte Koi im Teich.
- Inspektionswanne, in die die Tiere zu Untersuchungs- oder Behandlungszwecken gesetzt werden. Die Wanne sollte hoch genug sein, damit die Koi nicht hinausspringen können.
- Schlauchnetz zum schonenden Umsetzten von Koi.

Daneben sind noch Messwannen hilfreich, aber nicht unbedingt notwendig.

Der richtige Keschereinsatz sorgt ...

...für ein schonendes Fangen und ...

...Umsetzen der Koi ....

...in die Inspektionswanne.

Inspektionswannen sollten immer rund sein.

Mithilfe eines Schlauchnetzes können Koi schonend vom Kescher in die Inspektionswanne umgesetzt werden

Tierärztin beim Hautabstrich für eine Mikroskopuntersuchung.

Auch Fische

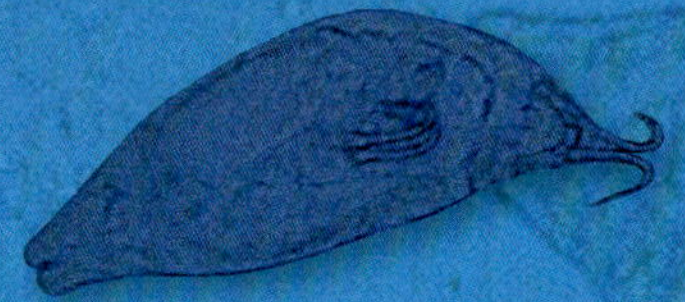

Ja, auch Fische können krank werden. Und wie bei allen Krankheiten gilt auch hier: je schneller behandelt wird, desto effektiver und aussichtsreicher. Nachfolgend ein Überblick über mögliche Probleme, die bei der Haltung von Koi auftreten können.

Ein Tierarzt

Wie andere Tiere auch, braucht auch der Koi manchmal einen Tierarzt. Wenngleich kleine Probleme in einigen Fällen selbst behandelt und therapiert werden können, so gibt es doch in Koiteichen manchmal Situationen, die man ohne das Hinzuziehen professioneller Hilfe nicht mehr unter Kontrolle bekommt. Auch empfiehlt es sich, den Bestand einmal im Frühjahr und einmal im Herbst von einem Fachtierarzt für Fische inspizieren zu lassen, um vor allem zu verhindern, dass Krankheiten über verschiedene Jahreszeiten verschleppt werden. Da Koi keine

können krank werden

Seltenheit mehr sind, gibt es mittlerweile ein flächendeckendes Netz an Tierärzten mit Fachwissen zu Koi über fast die gesamte Republik. Einfache Internetrecherchen führen meist schnell zu brauchbaren Ergebnissen.

Parasiten, Bakterien, Viren und Pilzerkrankungen

Neben den mechanisch zugezogenen Verletzungen, sind parasitäre, bakterielle und virale Erkrankungen, die am häufigsten vorkommenden Krankheiten. So leben Parasiten und Bakterien, die das Potenzial besitzen, Koi krank zu machen, permanent im System. Jedoch sind gesunde Koi in einem ebenso gesunden Milieu stark genug, um sich selbst gegen die Gefahr zur Wehr zu setzen. Kommt allerdings Stress in Form von schlechter Wasserqualität, dem Hinzusetzen neuer Koi oder anderer Veränderungen hinzu, so kann das Gleichgewicht ins Wanken geraten, und die Koi werden aus heiterem Himmel heraus krank. Sollte diese Situation eintreten, so gilt es zunächst, den vorhandenen Stress abzubauen und gegebenenfalls die Koi durch eine geeignete Therapie bei der Genesung zu unterstützen. Je nach Krankheitsbild könnte dies in Form von Parasitenbehandlungen, Keimdruck senkenden Maßnahmen oder auch einfachen Wunddesinfektionen sein. Wichtig ist immer nur das rechtzeitige Erkennen und Einleiten notwendiger Interventionen, denn beim Wettlauf zwischen Krankheit und Koi siegt ohne menschliches Zutun meist die Krankheit.

Unter den viralen Krankheiten spielt das sogenannte KH-Virus (KHV) eine herausragende Rolle. Dieses Virus, das man sich durch das Hinzusetzen neuer Koi einschleppen kann, hat eine sehr hohe Sterberate und ist in Deutschland zudem anzeigepflichtig. Das heißt, wurde KHV in einem Teich nachgewiesen, wird dieser vom zuständigen Veterinäramt unter Beobachtung gestellt.

Verletzungen

Bei aller Zutraulichkeit, wenn es ums Fressen geht, sind Koi am Ende doch sehr schreckhafte Tiere, die, einmal in Panik, wild durch den Teich schießen können. Und das hinterlässt ab und an Spuren an den Koi, die eine Wunddesinfektion von Nöten machen. Handelt man hier schnell und zeitnah zum Geschehen, so können diese Behandlungen, mithilfe der im Fachhandel angebotenen Medizin für Koi, selbst durchgeführt werden. Wartet man zu lange, kann aus einer Lappalie ein Problem werden, das erstens Narben hinterlässt und zweitens einen Tierarzt notwendig macht.

Diagnose

Für die Diagnose von Koikrankheiten braucht man Erfahrung und das notwendige Equipment. Wo es für den Nachweis verschiedener auf dem Koi lebender Parasiten lediglich ein Mikroskop braucht, werden für bakterielle Erkrankungen und Viruserkrankungen Proben in entsprechend dazu ausgerüstete Labore gesendet. Versierte Koiliebhaber sind häufig im Besitz eines eigenen Mikroskops, da vor allem beim Einsetzen von Koi in einen bestehenden Bestand parasitäre Probleme auftreten können.

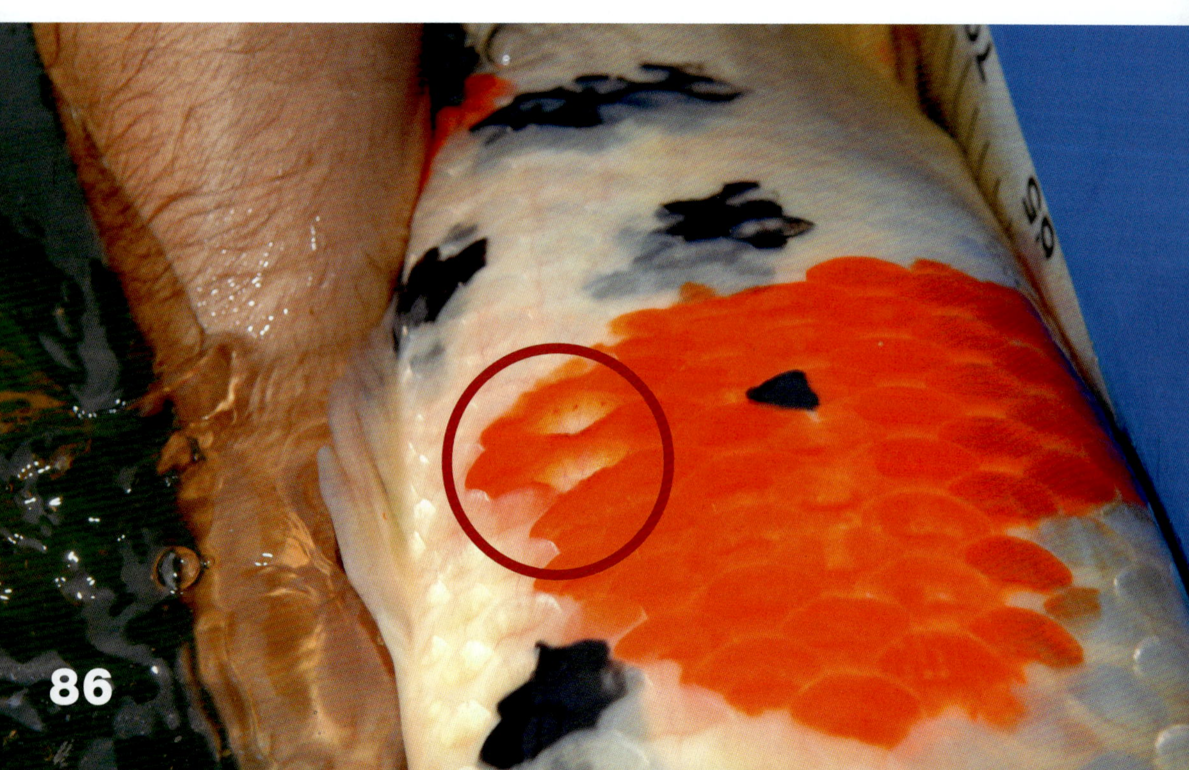

Koi mit Verletzung am Kopf, die eine Behandlung notwendig macht.

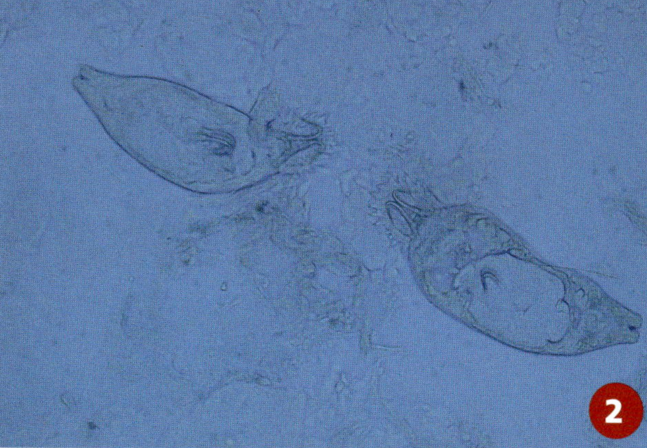

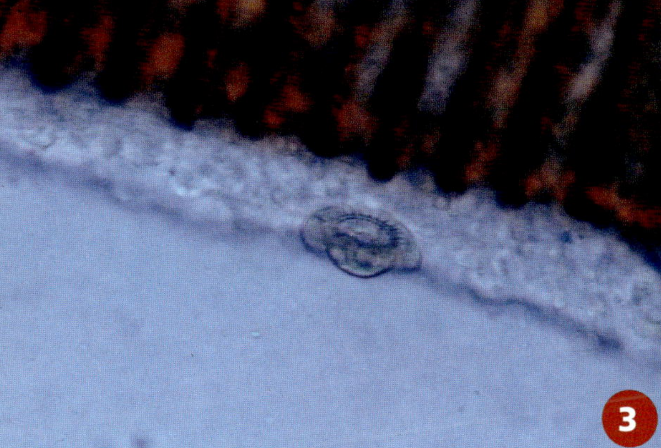

Für den Anfänger ist es jedoch zunächst wichtig, mögliche Probleme bereits in einem frühen Stadium zu erkennen, um rechtzeitig erforderliche Maßnahmen einzuleiten. Nachfolgend eine Sammlung von Signalen, die Koi aussenden, wenn sich deren Kondition verschlechtert:

- Häufiges Scheuern an den Teichwänden oder am Boden
- Koi springen häufig
- Tiere stehen regungslos kopfüber oder kopfunter im Wasser
- Koi wirken apathisch
- Sie liegen mit angeklemmten Flossen am Boden
- Die Haut ist dort gerötet, wo sie normalerweise weiß sein sollte
- Koi schlagen mit den Brustflossen
- Sie schwimmen ruckartig
- Der gesamte Bestand ist sehr schreckhaft
- Verweigerung der Futteraufnahme
- Tiere stehen an der Oberfläche und schnappen nach Luft
- Schuppen stehen ab
- Koi zeigen einseitig oder beidseitig Glotzaugen

1 Ein Mikroskop dient zum Nachweis von Parasiten auf Koi.

2 Saugwürmer, wie sie häufig auf Abstrichen unter dem Mikroskop zu finden sind.

3 Dieser Parasit gehört zu den Einzellern und hört auf den Namen *Trichodina*.

Koikauf

Wo kauft man seine Koi am besten?

Im Fachhandel weiß man wie man mit Koi umgeht.

Am besten natürlich im Fachhandel. Wer zudem die Probleme an seinem Teich möglichst gering halten möchte, sollte sich auf nur einen Händler konzentrieren, von dem er seine Koi bezieht. Dies gibt Sicherheit in Bezug auf das Einschleppen etwaiger Krankheiten und sollte einmal etwas passieren, hat man einen versierten Ansprechpartner. Ein guter Händler verfügt über gute Einkaufsquellen, so dass zumindest die gängigen Koivarietäten verfügbar sind. Wie bei den Tierärzten, gibt es auch ein flächendeckendes Händlernetz in weiten Teilen Deutschlands.

Woran erkennt man nun einen guten Händler? Ganz einfach: Dort ist es sauber und ordentlich und in den Becken schwimmen weder kranke noch tote Koi. Beim Betreten des Geschäfts sollte uns auch kein Fischgeruch entgegenschlagen. Zudem ist man telefonisch erreichbar, wenn kurzfristig eine dringende Frage auftaucht – denn schließlich geht es um Lebewesen.

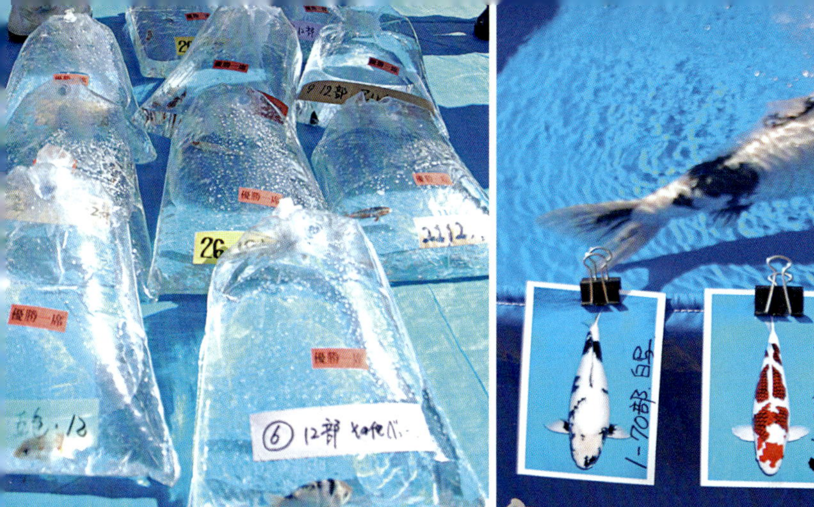

Welche Qualitäten gibt es?

Die japanische Sprache hält eine ganze Reihe Vokabeln parat, um die verschiedenen Qualitätsstufen, die es bei Koi gibt, zu beschreiben.

Chuppa

Es beginnt mit Chuppa, der Standardqualität. Dies sind Koi, die unabhängig von ihrem Alter, den Zenit ihrer Schönheit bereits erreicht haben und eigentlich schon mit dem langsamen Abstieg beginnen. Einjährig mit etwa zehn Zentimetern Länge gibt es die Standardqualität schon zu Preisen, die sich nur gering von den Preisen für hübsche Goldfische unterscheiden.

Tateshita

Darüber folgen in Japan die Tateshita. Das Wort shita steht im Japanischen für ‚unter' und beschreibt bei Tateshita, dass diese Koi direkt unter der Topqualität stehen. Im Gegensatz zu den Chuppa besitzen sie noch weiteres Entwicklungspotenzial in Bezug auf Farbschönheit und Wachstum. Somit hat dieser Koi seinen Zenit noch nicht erreicht, sondern steuert darauf zu. Viele der im Fachhandel angebotenen Koi gehören der Qualität Tateshita an. Und in der Regel ist es das, was man, mit dem Anspruch einen schönen Koi zu besitzen, kauft.

Tategoi

Ganz oben stehen die sagenumwobenen Tategoi. Das sind die Koi, von denen sich der Züchter (oder Besitzer) die größte Zukunft erhofft. Tategoi gibt es eigentlich in allen Altersstufen.

von links:
Auf Koiausstellungen werden Koi ihren Varietäten entsprechend sortiert und dann bewertet.

Die besten und die schönsten Koi haben die Chance auf Koiausstellungen zu punkten.

Doch ist nicht jeder Tategoi gleich so teuer, dass dieser nicht mehr erschwinglich wäre. Denn selbst unter den Tategoi machen Züchter Abstufungen. So gibt es die erstklassigen A-Tategoi, die er in der Regel selber großzieht und die B-Tategoi, von denen er sich auch trennt. Und nicht wenige Koiliebhaber aus der ganzen Welt reisen Jahr für Jahr nach Japan, um dort bei der Tategoiselektion ganz vorne mit dabei zu sein, um die besten Stücke zu erwerben. Diese werden dann oftmals noch über Jahre von der Farm weiter großgezogen.

Showqualität

Zu guter Letzt gibt es noch die Showqualität. Und da die Fähigkeit eines Koi, erfolgreich auf einer Show abzuschneiden, nicht unbedingt mit der Qualitätsstufe aus der er stammt zu tun hat, können prinzipiell Showkoi aus allen drei Qualitätstufen kommen. Am häufigsten sind dies jedoch Tateshita und Tategoi. Die Koiqualität ist schwerer zu beschreiben, deshalb habe ich Ihnen nachfolgend mehrere Beispiele von zweijährigen Showa zusammengestellt. Es beginnt bei der untersten Qualität und endet bei erstklassigen Tategoi von unvorstellbar hohem Preis. Die Koi sind alle zwischen 50 und 60 cm groß.

Standardqualität. Farbqualität und Glanz der Haut sind vollständig ausgeprägt.

Tategoi in Showqualität. Dieser Tategoi kann trotz seines noch in ihm schlummernden Potenzials bereits auf Ausstellungen erfolgreich abschneiden.

Tateshita. Sowohl von Wachstum als auch von der farblichen Entwicklung besitzt er noch Potenzial.

Showqualität männlich. Dieser männliche Showa ist aufgrund seiner Farbqualität, Zeichnung und Körperstruktur geradezu für Ausstellungen prädestiniert.

B-Tategoi. Körperform und Farbqualität sind bei diesem Showa bereits auf sehr hohem Niveau. Für die allererste Klasse fehlt jedoch noch ein klein wenig.

Zweijähriger Top-Tategoi. Farbe und Körperform dieses Showa genügen allerhöchsten Ansprüchen und es kann durchaus sein, dass hier ein zukünftiger Champion heranreift.

Welchen Koi kaufe ich denn jetzt?

Und welches ist nun der für mich geeignetste Koi?

Jedem Einsteiger ins Hobby sei angeraten, mit günstigen Koi zu starten, denn jeder Teich braucht seine Einlaufphase und jedes Wasser bietet anderen Farben gute Entwicklungschancen. So prägt sich in einem Teich das Schwarz der Koi hervorragend aus, wo sich im anderen Teich fast nichts tut. Man sollte dem Teich die Chance geben, einem mitzuteilen, was für ihn geeignet ist und was nicht.

Und es gibt noch einen Grund, weshalb man nicht mit den teuersten Koi starten sollte: Die Wahrscheinlichkeit, dass im ersten Jahr das eine oder andere schief geht, ist zumindest leicht möglich.

Zu Hause angekommen, was nun?

Hat man die Möglichkeit, eine ausreichend lange Quarantäne zu Hause durchführen, ehe man die neuen Koi mit den alten im Teich zusammen bringt, ist das sehr hilfreich. Aber die Aussage, eine Quarantäne wäre unbedingt erforderlich, ist nicht richtig. Der Großteil der Koiliebhaber besitzt keine Möglichkeit der Zwischenlagerung und muss die neuen Koi umgehend zu seinem bisherigen Bestand in den Teich setzen . Dabei sollte man aber folgende Punkte unbedingt beachten:

1. Die Temperaturunterschiede zwischen Transportwasser und Teichwasser sollten langsam angeglichen werden. Hierzu die Koi in der geschlossenen Transporttüte auf dem Wasser schwimmen lassen.
2. Auch der pH-Wert sollte langsam angeglichen werden. Hierzu den Koi mit dem Transportwasser zunächst in eine Inspektionswanne setzen und langsam Teichwasser zugeben.
3. Gegebenenfalls nach Angaben des Händlers oder eines Tierarztes eine kurze Desinfektion des Koi durchführen.
4. Koi ohne Transportwasser umsetzen und Transportwasser separat entsorgen.
5. In den ersten Tagen nach dem Hinzusetzen der neuen Koi sollte nicht gefüttert werden. Dies gibt dem Filter und den Koi die Möglichkeit, sich an die neuen Gegebenheiten zu gewöhnen.
6. Unter 14 °C sollten keine Koi in den Teich zugesetzt werden.
7. Befinden sich kranke Koi im Teich, sollten ebenfalls keine neuen Koi hinzugesetzt werden.
8. Beginnen sich die Koi nach dem Hinzusetzen neuer Koi merkwürdig zu verhalten, sollte unbedingt ein Fachtierarzt hinzugezogen werden.

Inazuma Trommelfilter 2020

Serie *septem*

48 Monate Garantie und Vor-Ort-Service

2-jährige Herstellergarantie mit deutschlandweitem Vor-Ort-Service und einer optionalen Garantieverlängerung für weitere 2 Jahre ergeben ein mindestens „4-Jahre-Rund-um-Sorglos-Paket".

WebCSA App

Bei jedem Inazuma Trommelfilter Serie *septem* ist ab 2020 die neue Version der Inazuma WebCSA App für Android und iOS im Lieferumfang enthalten. Neben zahlreichen neuen Funktionen, wie z.B. die Möglichkeit, mit der App weitere Filter im WLAN zu steuern, wurde eine Erinnerungsfunktion für Serviceaufgaben und UVC-Lampenwechsel integriert. Bei Störungen an der Anlage meldet dies die App nun aktiv. Die Ersteinrichtung wurde wesentlich vereinfacht und funktioniert jetzt auch ohne Simkarte/Hotspot.

Zu Hause angekommen, was nun?

Hat man die Möglichkeit, eine ausreichend lange Quarantäne zu Hause durchführen, ehe man die neuen Koi mit den alten im Teich zusammen bringt, ist das sehr hilfreich. Aber die Aussage, eine Quarantäne wäre unbedingt erforderlich, ist nicht richtig. Der Großteil der Koiliebhaber besitzt keine Möglichkeit der Zwischenlagerung und muss die neuen Koi umgehend zu seinem bisherigen Bestand in den Teich setzen . Dabei sollte man aber folgende Punkte unbedingt beachten:

1. Die Temperaturunterschiede zwischen Transportwasser und Teichwasser sollten langsam angeglichen werden. Hierzu die Koi in der geschlossenen Transporttüte auf dem Wasser schwimmen lassen.
2. Auch der pH-Wert sollte langsam angeglichen werden. Hierzu den Koi mit dem Transportwasser zunächst in eine Inspektionswanne setzen und langsam Teichwasser zugeben.
3. Gegebenenfalls nach Angaben des Händlers oder eines Tierarztes eine kurze Desinfektion des Koi durchführen.
4. Koi ohne Transportwasser umsetzen und Transportwasser separat entsorgen.
5. In den ersten Tagen nach dem Hinzusetzen der neuen Koi sollte nicht gefüttert werden. Dies gibt dem Filter und den Koi die Möglichkeit, sich an die neuen Gegebenheiten zu gewöhnen.
6. Unter 14 °C sollten keine Koi in den Teich zugesetzt werden.
7. Befinden sich kranke Koi im Teich, sollten ebenfalls keine neuen Koi hinzugesetzt werden.
8. Beginnen sich die Koi nach dem Hinzusetzen neuer Koi merkwürdig zu verhalten, sollte unbedingt ein Fachtierarzt hinzugezogen werden.

Inazuma Trommelfilter 2020 Serie *septem*

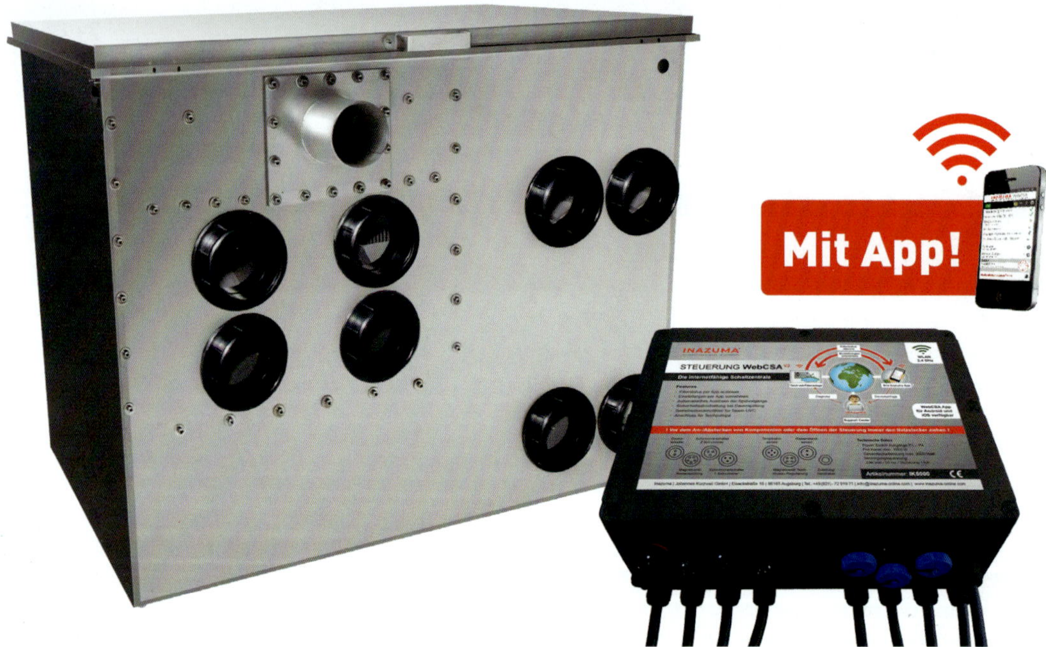

48 Monate Garantie und Vor-Ort-Service

2-jährige Herstellergarantie mit deutschlandweitem Vor-Ort-Service und einer optionalen Garantieverlängerung für weitere 2 Jahre ergeben ein mindestens „4-Jahre-Rund-um-Sorglos-Paket".

WebCSA App

Bei jedem Inazuma Trommelfilter Serie *septem* ist ab 2020 die neue Version der Inazuma WebCSA App für Android und iOS im Lieferumfang enthalten. Neben zahlreichen neuen Funktionen, wie z.B. die Möglichkeit, mit der App weitere Filter im WLAN zu steuern, wurde eine Erinnerungsfunktion für Serviceaufgaben und UVC-Lampenwechsel integriert. Bei Störungen an der Anlage meldet dies die App nun aktiv. Die Ersteinrichtung wurde wesentlich vereinfacht und funktioniert jetzt auch ohne Simkarte/Hotspot.

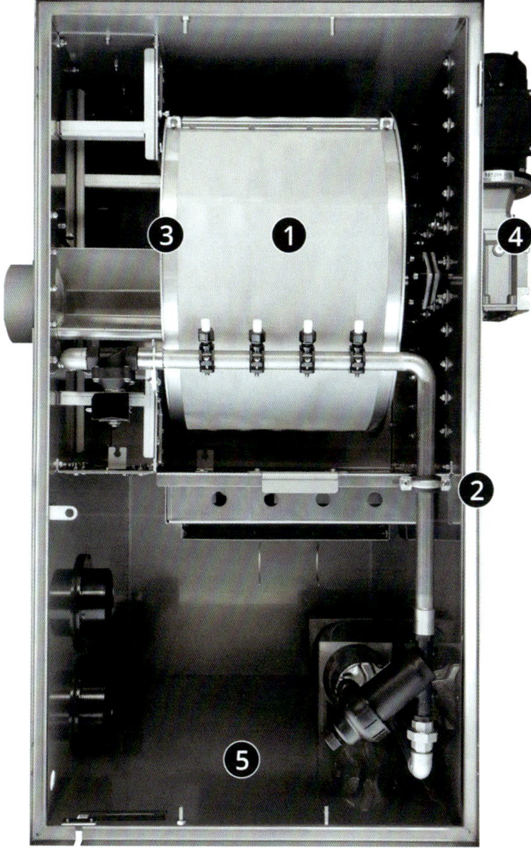

1 Neuer Antriebsstrang mit fix definierten Montagepunkten. Ein Einstellen der Trommel ist nicht mehr nötig. Die Filteranlage wird durch diese Innovation nahezu wartungsfrei.

2 Massive Edelstahlstreben Innen und Außen am Filter sorgen für die notwendige Stabilität.

3 Spezielle Lagerung der Trommelführungsrollen sorgen für noch mehr Laufruhe und Langlebigkeit.

4 Neu entwickelte Motorhalterung mit Leistungsstarkem Industrie-Getriebemotor.

5 Filtergehäuse aus speziell passiviertem V4A-Edelstahl. Langlebig und stabil.

INAZUMA®

FILTERTECHNIK MADE IN GERMANY

Aus Edelstahl V4A

12 Modelle für Teiche bis zu 400 m³

www.inazuma-online.com

Mein Koi fühlt sich pudelwohl!

Sandra Lechleiter

Koi-Fibel Gesundheit

96 Seiten, 150 Farbfotos, geb.
ISBN 978-3-944821-20-7

Mit den hier vermittelten Tipps wird beides gelingen: gesunde und vitale Tiere in klarem Wasser. Als erfahrene Fachtierärztin für Fische beantwortet die Autorin hier die wichtigsten Fragen und zeigt, wie Krankheiten erkannt und behandelt werden.

Dähne Verlag

www.daehne.de/gartenteich